思维拓展

点亮儿童

数学之眼

慈艳 著 贾敏 绘

北京师范大学出版集团
BEIJING NORMAL UNIVERSITY PUBLISHING GROUP
北京师范大学出版社

图书在版编目（CIP）数据

点亮儿童数学之眼：思维拓展 / 慈艳著. --北京：
北京师范大学出版社，2021.5（2024.1重印）
ISBN 978-7-303-26833-7

I. ①点… Ⅱ. ①慈… Ⅲ. ①数学－儿童读物
Ⅳ. ①O1—49

中国版本图书馆 CIP 数据核字（2021）第 036235 号

营销中心电话　010-58806212
少儿教育分社　010-58806648

DIANLIANG ERTONG SHUXUE ZHIYAN: SIWEI TUOZHAN
出版发行：北京师范大学出版社 www.bnupg.com
　　　　　北京市西城区新街口外大街 12-3 号
　　　　　邮政编码：100088
印　　刷：北京尚唐印刷包装有限公司
经　　销：全国新华书店
开　　本：889mm×1194mm　　1/16
印　　张：5.5
字　　数：137.5 千字
版　　次：2021 年 5 月第 1 版
印　　次：2024 年 1 月第 4 次印刷
定　　价：35.00 元

策划编辑：谢　影　郭　放　　责任编辑：谢　影
美术编辑：袁　麟　　　　　　　装帧设计：幻梦书装　天丰晶通
责任校对：段立超　　　　　　　责任印制：乔　宇

序

"点亮儿童数学之眼"丛书即将出版之际，接到慈艳老师的信息，希望我能为丛书写个序。为此，我们进行了简单的沟通，并阅读了慈艳老师发来的文稿，初步了解了编写意图。一位基层教师一边进行教学实践，一边思考梳理教学实践，这种精神值得学习。

慈艳老师是一位喜爱学生、喜爱数学，对数学课堂教学研究有热情的老师。她长期扎根在课堂，喜欢和学生一起讨论数学问题，喜欢和老师们在一起研究数学问题。她主动学习，乐于思考。2006年我在教育部课程中心主持的全国小学数学教师远程培训的团队中认识了她。她作为指导教师参与了培训的全过程。她和大家一边学习先进的数学教育理念，一边努力编辑教师培训课程，积极热情地为基层教师服务。"点亮儿童数学之眼"丛书的编写，正是她在小学数学教学改革道路上积极思考、勤奋探索的结果。

"点亮儿童数学之眼"丛书，是慈艳老师二十多年来与学生一起走进儿童数学世界，一起学习数学的记录。她细心地把课堂的感悟、生活的经验以及对数学的思考提炼成具有操作性、趣味性的游戏活动，引导学生在阅读中悟数学，在活动中学数学。这套书既重

思维、重操作、重阅读，又注重按照学生的认知发展水平引导学习。如摆积木活动，引导学生通过摆积木来验证猜想的过程，形成正确的数学思维路径。又如包饺子活动，在揉小面团过程中感悟渗透体积与表面积之间拥有的内在关系形成数学思考方法。一个个生动鲜活的故事，在娓娓道来中抽丝剥茧，揭示数学内涵，逐步帮助学生形成数学思考。

"点亮儿童数学之眼"丛书，将数学课堂中可传授的数学知识，可传达的数学信息，可感悟的数学思想，可捕捉的数学灵感，以通俗易懂的语言和图文并茂的绘画形式呈现出来。书中把数学眼光、数学感觉、数学语言、数学思维，从课堂延伸到生活的不同角落，使数学增添了趣味性、实用性和联系性。我相信，学生在阅读此书中会不知不觉地走进数学世界，蓦然回首数学已在灯火阑珊处。

北京教育科学研究院 吴正宪

2020年10月

目 录

一、运算能力

动手操作

家里要来9位客人，你看要准备出多少双筷子和餐具呢？

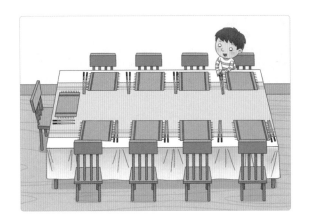

9双筷子有多少根？

2+2+2+2+2+2+2+2+2，2根2根地数一数就知道了。

9个2相加，和是18，数出18根筷子

9个2相加，可以用2×9或9×2表示，这就是乘法。

建构表象

客人们几点来？

10点到，现在几点了？

2

对应左图写出算式，编出口诀。

分针指到9，是9点几分呢？

5分5分地数一数，9个5是多少？

5+5+5+5+5+5+5+5+5=45，用5×9或9×5来表示。

再过15分钟，客人们就来了。

3×5=15（分）或者5×3=15（分）

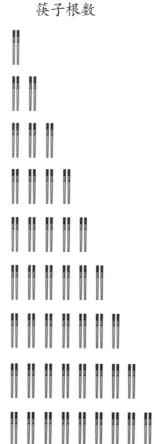

筷子根数	乘法算式	乘法口诀
	2×1=	一二得二
	2×2=	二二得
	2×3=	二三得
	2×4=	二四得
	2×5=	二五
	2×6=	二六
	2×7=	二七
	2×8=	二八
	2×9=	二九

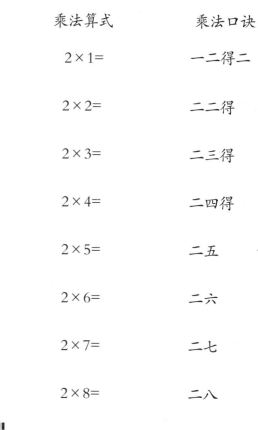

关卡 2 5 的乘法口诀

圖点子图写出对应算式，编出口诀.

点子图	乘法算式	乘法口诀
●●●●●	5×1=	一五得五
●●●●●	5×2=	二五
●●●●●	5×3=	三五
●●●●●	5×4=	四五
●●●●●	5×5=	五五
●●●●●	5×6=	五六
●●●●●	5×7=	五七
●●●●●	5×8=	五八
●●●●●	5×9=	五九

练兵场

1. 读古诗，练口诀。

静 夜 思
床 前 明 月 光，
疑 是 地 上 霜．
举 头 望 明 月，
低 头 思 故 乡．

上面这首诗是由　　个字写成的。

　　每行有　　个字，有　　行，是　　个字，加上标题的字，一共有　　个字。可列的乘法算式是　　　　　　　，过程中用到的口诀是　　　　　　　　。

　　还可以看成　　行，每行　　个字，标题这行减掉　　个字，一共有　　个字。可列的乘法算式是　　　　　　　，过程中用到的口诀是　　　　　　　　。

指导建议

　　五言诗是由多少个字组成的，用乘法口诀可以快速得出。再试着找一找其他古诗，用乘法口诀算算诗中有多少个字。

2. **看图列式。**

下图有多少朵花，先列加法算式，再列出乘法算式。

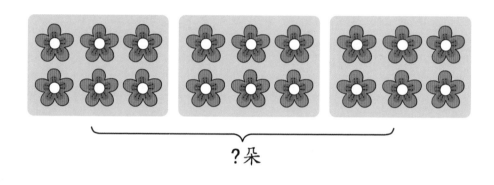

?朵

加法算式：

乘法算式：   或

对应口诀：

3. **连一连。**

42 21 35 36

 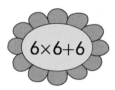 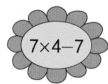

4×7+7   5×6+6   6×6+6   7×4−7

4. 圈一圈，写一写。

在下图中圈出若干行若干列的笑脸后，写出对应着表示圈出数量的乘法算式。

乘法算式：

指导建议

在自主圈画中，理解乘法意义。

亲子小·游戏　对口诀

游戏准备

卡片、彩笔。

游戏过程

在卡片中，写出孩子不太熟练的乘法算式的积，比如12，18，24，28，30，36，32，35，42，63，56…可以根据孩子对口诀的熟练程度从易到难地顺序写出卡片中的数字。将写好的卡片等分成两部分，将卡片全部扣放在两人中间。翻开后，谁先说出正确的口诀，卡片就归谁所有。卡片多的人为获胜方。

孩子自评：☆ ☆ ☆ ☆ ☆

家长点评：学习了几分钟? 学会了什么?

教师锦囊

乘法口诀是运算基础，4×6，4×8，4×9 是易错口诀。

动手操作

15颗草莓，每位小朋友要一样多，在盘中分一分（贴纸贴一贴）。

每人先分3颗，还有剩余，再给每人分2颗，刚好分完，每人都得到了5颗。

如果一次分完，你怎么分？把下图的15颗草莓等分成3份。

3人，每人5颗。

用算式表示，15÷3=5（颗），这就是除法。

建构表象

说说你对 15÷3=5（颗）的理解吧.

把 15 颗草莓平均分成 3 份，每份是 5 颗。

15 颗草莓，每 5 颗放在一个盘中，要 3 个盘子。这能用除法表示吗？

当然！15÷5=3（盘）

家长参考

"动手操作"是平均分的过程，用除法来表示。"建构表象"在等量分的基础上，感受包含除。包含除有一定难度。两个不一样的算式，解释不同，要结合具体情境帮助孩子理解两个算式的含义。

关卡 1 分皮球

24 个球平均分给 6 个班，每个班分多少个球？在图中圈一圈。

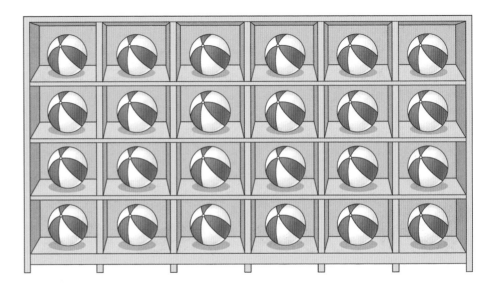

每圈掉一个 4 就"减"4，24-4-　　　　　=0，

刚好减掉　　个 4，每班 4 个球。

用除法表示分球的过程是：　　　÷　　=

这些球平均分给 4 个班，每班分　　个球，再圈一圈。

用除法表示分球的过程是：　　　÷　　=

关卡 2　抽象与联系

关卡 1 中的球用点子来表示，你熟悉了吗？

联系到除法算式是　　　　　　　，24
个点子，平均分成 6 份，每份 4 个。

联系到除法算式是　　　　　　　，
24 个点子，平均分成 4 份，每份 6 个。

原来，这些运算之间都有着密切的联系。

熟悉，乘法中 4 行 6 列，共 24 个点子。

家长参考

除法是乘法的逆运算，减法是加法的逆运算。加、减、乘、除之间是有联系的，根据关卡 1 中的情境试着发现除法与乘法、除法与减法之间的联系。

联系到乘法算式是　　　　或　　　　　　.

1. 写一写，说一说。

看图列算式，说一说列式与图片对应的含义。

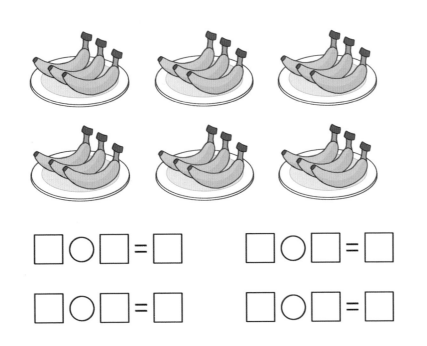

$$\boxed{}\bigcirc\boxed{}=\boxed{} \qquad \boxed{}\bigcirc\boxed{}=\boxed{}$$

$$\boxed{}\bigcirc\boxed{}=\boxed{} \qquad \boxed{}\bigcirc\boxed{}=\boxed{}$$

指导建议

　　通过观察直观图片，建立乘法和除法之间的转换，能解释算式的含义。

2. 看图列式。

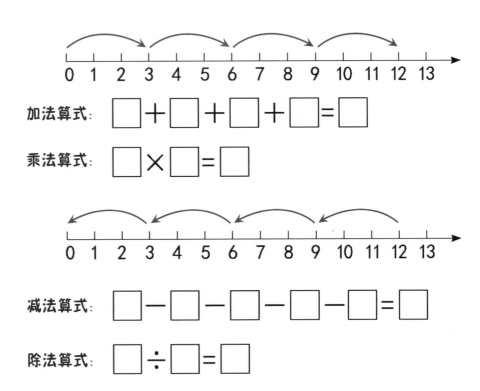

加法算式：$\boxed{}+\boxed{}+\boxed{}+\boxed{}=\boxed{}$

乘法算式：$\boxed{}\times\boxed{}=\boxed{}$

减法算式：$\boxed{}-\boxed{}-\boxed{}-\boxed{}-\boxed{}=\boxed{}$

除法算式：$\boxed{}\div\boxed{}=\boxed{}$

指导建议

　　通过观察直观的线段图，建立并感受加法和乘法、减法与除法之间的联系。

3. 对口诀。

根据乘法口诀写出两个乘法算式和两个除法算式。

四七二十八　　　　　五九四十五　　　　　三八二十四

4. 手拉手，连一连。

哪双手可以友好握手呢？将口诀与匹配的算式用线连起来。

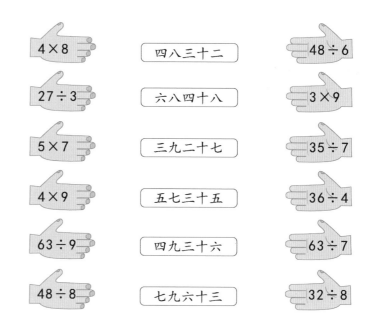

指导建议

一句口诀，对应两个乘法和两个除法算式，即"一诀四式"。

指导建议

好朋友握握手，口诀与乘除法之间的关系。

亲子小·游戏　分一分

骰子2枚（将2枚骰子的6点处用纸盖住）、瓜子或者小糖粒。

游戏者	抓了　颗（被除数）	平均分给　人（除数）	每人　颗（商），剩　颗（余数）	获胜方
甲				
乙				
甲				
乙				
甲				
乙				
甲				
乙				
甲				
乙				

游戏过程

例如，孩子先抓出一把瓜子。由孩子数出瓜子的颗数记录在表格中，然后两人分别将骰子掷出，计算出两枚骰子的点数之和，记录在表格中"平均分给　人"的位置。谁先说出结果并且正确，谁赢。五局三胜，每五局总结一次获胜情况。

孩子自评：☆ ☆ ☆ ☆ ☆

家长点评：学习了几分钟？学会了什么？

教师锦囊

余数与除数之间的大小关系是孩子易错点，在上述游戏的实际操作中，理解余数应小于除数。

二、抽象能力

动手操作

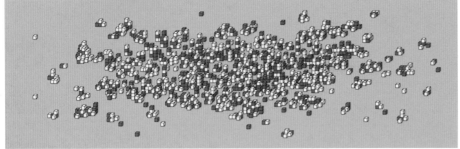

 五个？十个！十个更好数。

 十个排成一条，一条一条地数。

 十条可以变成方方正正的面。

 一层方方正正的面有多少个小方块呢？

 一百个。

 你用贴纸贴一贴，感受一下。

 牛牛，你的计数学具块撒了一桌子，你知道有多少个吗？

 我把它们排成行，数一数。

 那怎么排呢？

1 条就是 1 个 "十"，我用贴纸贴出一层就是 1 个 "百"。

接下来就可以一层一层地数了。

10 个小正方体是一条

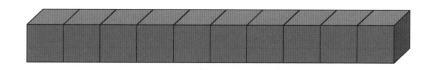

10 个一条是 100 个，也就是一层

1 个百、2 个百、3 个百、4 个百、5 个百、6 个百、7 个百、8 个百、9 个百、10 个百。

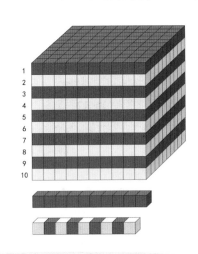

哇，你摆成更大的方块了。这个大方块由1000个小方块组成，桌子上还剩下1条零9个小方块。

1个"千"，1个"十"，9个"一"，就是1019个小方块。

家长参考

一小块表示"一"，一条表示"十"，一层表示"百"，十层表示"千"。让孩子边数边在头脑中形成"一"（一小块）、"十"（一条）、"百"（一层）、"千"（十层）的表象，建构数块模型。

关卡 1　计数器上表示数

对应计数块模型在计数器上表示出 1019，读作：一千零一十九。

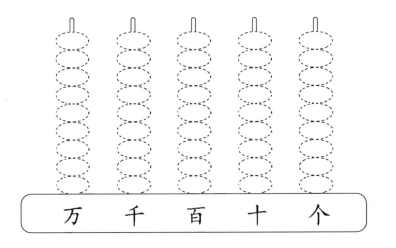

| 万 | 千 | 百 | 十 | 个 |

大方块模型在计数器上用　　　位的　　　颗珠子表示。

一条，在计数器上用　　　位的　　　颗珠子表示。

9小块，在计数器上用　　　位的　　　颗珠子表示。

关卡 2 数一数

将 1019 个计数块中再放进 1 个计数块是 ___ 个。

这里还有几条，你接着数一数。

这里还有几层，从 1100 向后，你一百一百地数数看。

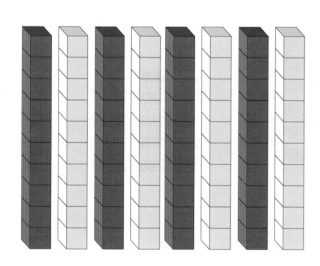

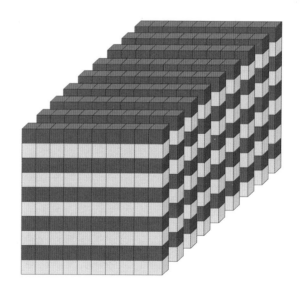

1030, 1040, 1050, 1060, 1070, 1080, 1090,

1200, 1300, 1400, 1500, 1600, 1700, 1800, 1900, . 2 个大方块模型就是 2000 块小方块。

建构大数模型 17

练兵场

1. 拨一拨，数一数。

（1）在计数器上从 1020 开始，10 个 10 个数，数到 1100。若家中没有计数器，让孩子在右图中画一画、擦一擦。

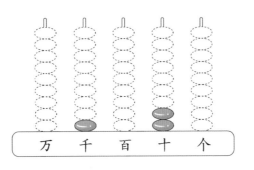

（2）在计数器上从 1100 开始，100 个 100 个数，数到 2000。若家中没有计数器，让孩子在右图中画一画、擦一擦。

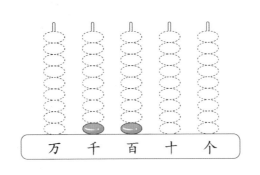

指导建议

通过在计数器上拨珠子，建立计数器所对应的计数块模型之间的联系；在具体操作中经历数的半抽象表达过程，培养抽象能力。

2. 填一填。

（1）下图中一共有 _____ 个小方块。

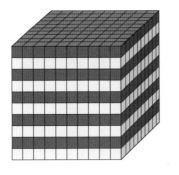  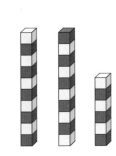

指导建议

在"摸一摸、摆一摆、数一数"计数块模型过程中，认识"一""十""百""千"计数块模型特征，形成模型表象，会根据模型写出大数。

（2）写出下图计数器所表示的数。

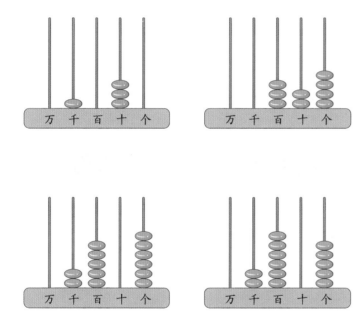

游戏准备

0~9 两套数字卡片。

游戏过程

将包含0~9的两套数字卡片分别放在家长和孩子面前。"石头、剪刀、布"后赢者先抽自己卡片中的数字，抽好后用下面数位顺序表统计，例如：家长抽到了9，她选择把"9"放到千位上。输者以

指导建议

对应计数单位写准数、读准数。

同样的方式抽取数字，如抽到的是1，他选择放在个位上，记在表中。两人再分别抽取第2个数字摆放在自己剩下的数位上，直到表中数位填满，最后将每人摆好的两个四位数进行比较，谁摆出的数大谁获胜，并统计胜负情况。

项目 内容 次数	家长				孩子				大数	获胜者
	千位	百位	十位	个位	千位	百位	十位	个位		
1										
2										
3										

孩子自评：☆ ☆ ☆ ☆ ☆

家长点评：学习了几分钟？学会了什么？

教师锦囊

学生对计数单位和数位容易分辨不清，考试经常丢分。数位的关键是"位"，数所在的位置就是"个位""十位""百位""千位"。而计数单位关键在"单位"，以"谁"为单位计数，就是"个（一）""十""百""千"。

2. 理解分数意义

动手操作

孩子，咱们把草莓、饮料、比萨饼分一分吧。

平均每人2颗草莓、1杯饮料、半张比萨饼。

你能用算式表达平均分到的食物和结果吗？

$4 \div 2 = 2$（颗） $2 \div 2 = 1$（杯） $1 \div 2 = ?$

1除以2是多少呢？你来动手分一分比萨饼吧。

建构表象

把一张比萨饼平均分成2份，取其中的1份。

$\frac{1}{2}$ 张, $\begin{matrix} 1 & \cdots\cdots 分子 \\ — & \cdots\cdots 分数线 \\ 2 & \cdots\cdots 分母 \end{matrix}$

"—"表示平均分,2表示分成2份,1表示其中的1份.

$\frac{1}{2}$ 表达分饼的过程与结果.

家长参考

平均分比萨饼的过程,就是分数形成的过程。平均分用分数线表示,分几份用分母表示,取几份用分子表示。"分"的过程与"数"(四声)建立联系,理解分数意义。

关卡 1 三人分饼

比萨饼平均分成 3 份,取其中的 1 份。

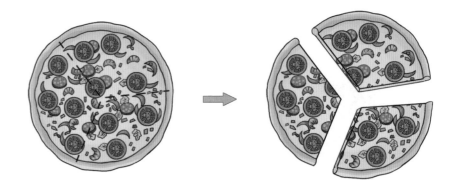

请在下图中,分一分,涂一涂。

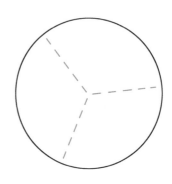

其中的一份用分数表示是: ____ 张。

7 个包子平均分给 3 个人，每人吃　　　　个包子。

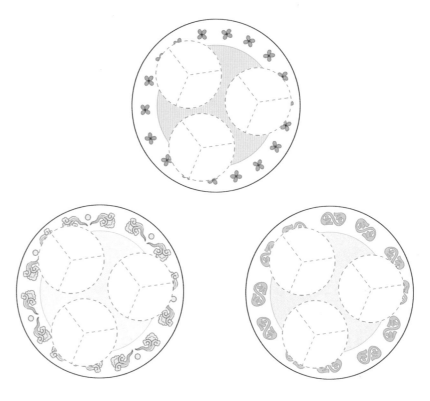

将包子贴纸在盘子中分一分并贴一贴。

方法 1：每人先分到　　　　个包子，最后一个包子平均分成 3 份，每人得到　　　　个包子。

方法 2：把每个包子都平均分成 3 份，每个包子取 1 份放到一个盘子中。

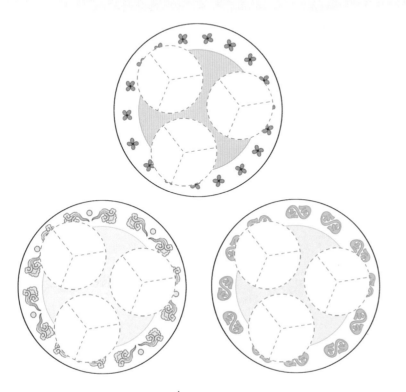

每盘都分到了 ＿＿＿ 个 $\frac{1}{3}$ 个包子，拼在一起是 ＿＿＿ 个包子。

上面两种不同的分法，分出的结果 ＿＿＿。

即：$\frac{7}{3} = 2\frac{1}{3}$

家长参考

每人都吃了 7 个包子的 $\frac{1}{3}$，是 $\frac{7}{3}$ 个包子；也可以说是 $2\frac{1}{3}$ 个包子。

1. 涂一涂。

儿子和妈妈玩占地盘游戏，每个人需要占的地盘一样大。至少用 3 种方法在下图中分一分，用阴影表示其中的 $\frac{1}{2}$。

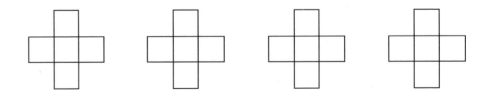

指导建议

在分一分、涂阴影的过程中，体会用不同图形表示同一个图形的 $\frac{1}{2}$，理解分数的意义。

2. **贴一贴。**

妈妈买来 4 块不同口味的月饼，要平均分给孩子、爸爸和妈妈自己三个人，每人要吃到每种口味，还要分得一样多。先在图中画一画，再用贴纸贴一贴。

把爸爸的那份月饼用贴纸贴在下图中。

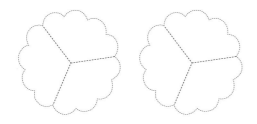

将前面分包子的两种方法进行分析，选取最适合本题的方法，使每人吃到所有口味且数量相等。

3. **比一比。**

爸爸给牛牛和米米买了两根面包棍，袋子口分别露出了面包的 $\frac{1}{3}$ 和 $\frac{1}{2}$，哪根面包棍更长呢？

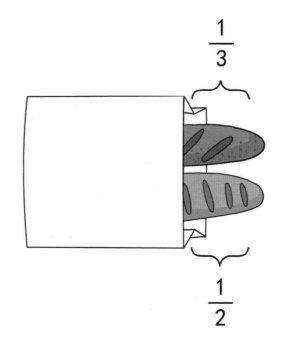

在还原出面包实际长度的过程中，深入理解分数的意义，比较面包的长度。

亲子游戏

游戏准备

七巧板、不透明的盒子。

游戏过程

任意取出七块板中的一块，作为对照板使用。剩下的六块板，妈妈和孩子每人三块放在两个不透明的盒子中，甲从对方的盒子中抽板，抽出后放在对照板旁边。谁先用分数准确说出两块板的大小关系，谁获胜。获胜方将板放在自己盒子边上，继续游戏。换乙从对方的盒子中取板，放在对照板旁边，按上述方法继续取板。盒中的板子

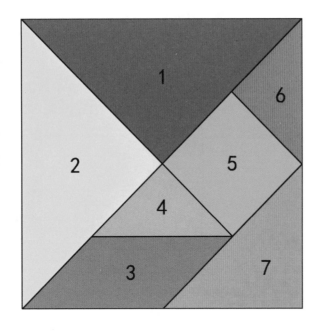

都摸完后，数一数谁赢得的板多，谁就获胜。

例如：取出 1 号板作为对照板，甲快速从乙的盒子中抽出了 5 号板，放在 1 号板旁边，乙先说出了 5 号板是 1 号板的二分之一，乙获胜，将 5 号板放到自己的盒子边。乙从甲的盒子中继续抽板进行比较，6 次游戏后，双方盒中的板都没有了，数数谁赢得的板多，谁就获胜。

孩子自评：☆ ☆ ☆ ☆ ☆

家长点评：学习了几分钟？学会了什么？

教师锦囊

分数既能表示"量"，也能表示"率"。"量"有具体单位，如："贴一贴"中每人分 $\frac{4}{3}$ "块"月饼；"率"描述具体关系，每人 $\frac{4}{3}$ 块月饼，占 4 块月饼的 $\frac{1}{3}$，$\frac{1}{3}$ 表达的是二者之间的关系。

三、空间想象能力

动手操作

你用同样大小的正方体积木在搭什么？

米米让我搭个图形，从正面看是 ，从右侧面看是 .

只告诉你正面和右侧面的形状？

嗯，可我遇到了问题。

说说看.

符合要求的立体图形太多，到底是哪个呢？

建构表象

这是我搭出的 3 个基础图形。

在图（一）的基础上变化，最后一排的木色正方体，分别可以放到前面的三个木块的后面，共有三种搭法。

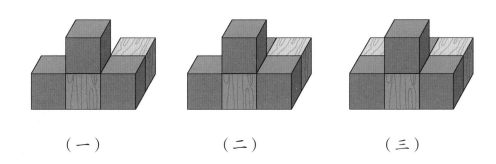

（一）　　　　　（二）　　　　　（三）

哦，图（二）最后一排两块一起左移，再分开放在两个绿色块后面，也有三种搭法。

图（三）动不了，就一种搭法。所以，共七种搭法。

基础图形？什么意思呢？

家长参考

　　在搭一搭的活动中，为了降低难度，只要孩子能搭出正方体之间至少有一个面重合就行。如果搭出棱与棱重合的情况，只要正确，就应给予鼓励。

关卡 1 辨识

我搭出了七种图形，哪个是米米说的图形呢？

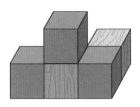 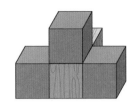 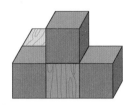

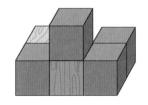 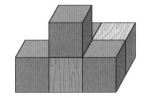 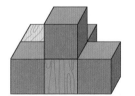

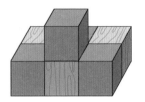

我怎么问才能知道图形的样子呢？

在符合的问话后面画"√"。

（1）你说的图形用了几块小正方体

（2）你说的图形左侧面什么样

（3）你说的图形从上面看什么样

米米怎么回答？

家长参考

如果考虑棱与棱重合的情况，可以让孩子说一说上面各图中可以去掉哪些积木。引导孩子合理想象、清晰表达是首位，不必将七种图形都说完。

她说上面看到的图形与正面看到的一样。

这下你知道是哪一个了吗？

我知道了，是第二个图。

关卡 2 画一画

我发现根据正面、侧面、上面观察到的平面图的样子，一般就可以确定搭出立体图形的样子了。

关卡 1 中的立体图形从上面看到的形状会有相同的吗？

不会有。在方格图中画出关卡 1 每个立体图形从上面看到的样子，就知道了。

练兵场

1. 连一连。

如图，请将四位小朋友看到的进行连线。

A B C D

指导建议

站在四位小朋友的视角观察同一个立体图，发现看到的图形并不相同。

2. 看图答问题。

我在 ____ 的位置，可以看到三个面的颜色，

我在 ____ 的位置，可以看到两个面的颜色，

我在 ____ 的位置，可以看到一个面的颜色。

指导建议

站在三只小动物的视角观察并思考，从一个位置观察最多可以看到魔方的三个面。

3. 选一选。

准备 5 个小正方体请拼搭出正面和右侧面都是 ⬚、

上面是 ⬚ 的图形。请在符合要求的图下面画 "√"。

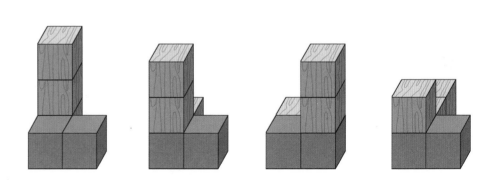

指导建议

选择类似的拼搭活动，在活动中注意观察拼摆出图形的正面、侧面、上面的形状，认识正、侧、上三个面后立体图形的样子。

亲子小·游戏　你说我搭

游戏准备

10 个大小相同的正方体。

游戏过程

　准备 10 个大小相同的小正方体，每人 5 个。家长和孩子背对背，以不能看到对方的拼搭为准，分别进行拼搭。孩子边说边搭，家长按照孩子的说法来完成，最后比较两人搭得是否相同。再由家长说孩子搭。在游戏过程中，尽量找到两人搭成一样的描述方法。

孩子自评：☆ ☆ ☆ ☆ ☆

家长点评：学习了几分钟？学会了什么？

教师锦囊

　观察立体图形时，孩子经常会把左、右侧面的平面图形弄反。通过移动、旋转实物，看到真正的左、右侧面样子后，画出图形有效对比，再逐渐脱离实物操作，能有效培养孩子的空间想象力。

动手操作

下雪了，飘落的雪花真漂亮。

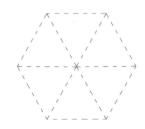 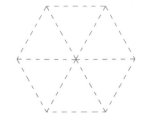

六瓣形状的雪花可以镶嵌在正六边形中。

将两片雪花贴纸贴在正六边形中，贴好后找找上图两片雪花的异同。

建构表象

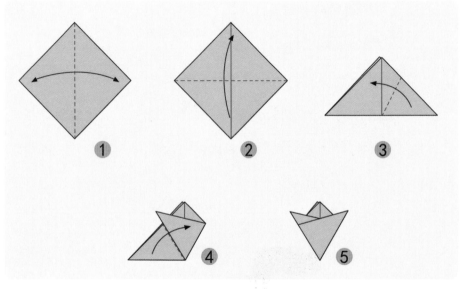

图 1

像上图这样折，再剪，能剪出正六边形吗？

那要看你怎么剪。

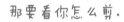

先想一想，沿虚线剪下的右侧图形打开后的样子，在　　下打"√"。

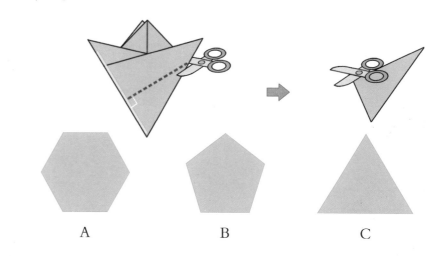

垂直于虚线剪一刀，会是下面的哪个图形？在剪出的图形下画"√"。

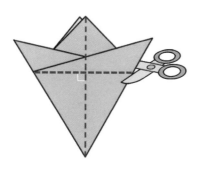

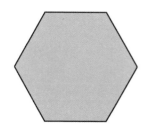　　　　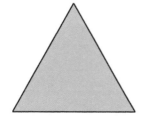

A　　　　　　B　　　　　　C

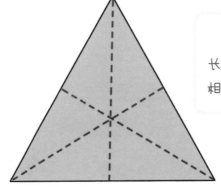

左图是剪完打开后的图形，边长都等于两条"剪痕"的长，三边相等的三角形是等边三角形。

关卡 2 剪出六角星

如果还是刚才的折法，怎么才能剪出六角星呢？

你再观察下。

我觉得关键要剪出甬，才能成为六角星。

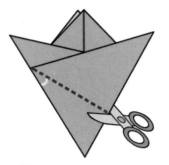

现在沿这条虚线剪剪看，你看看能剪出甬吗？

不行！剪出来是正三角形，因为这种剪法跟前面的图方向相反。

确实只是换个角度而已，你观察得真细致。

下图 1 折完后对折，沿虚线剪下右侧的三角后，打开是什么图形，在　　　下打"√"。

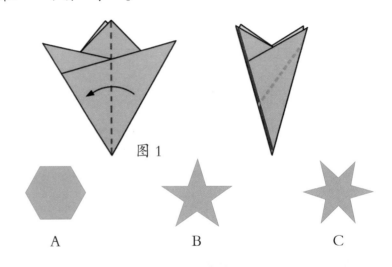

图 1

A　　　　　　　B　　　　　　　C

家长参考

　　剪纸是培养孩子空间想象能力和动手能力的重要方法之一。在剪之前，先要想象剪完后可能出现的形状，再动手操作。这个过程中不断思考、不断验证、发现问题，是培养孩子拥有良好的数学学习习惯的途径。

练兵场

1. 想一想，选一选，折一折。

（1）正方形纸如下图对折再对折，然后将直角剪掉，打开。

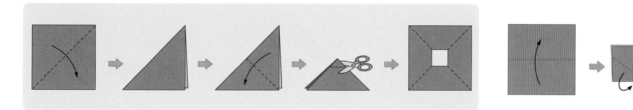

按照上面的方法对折 4 次剪掉直角后的图案是 _____。

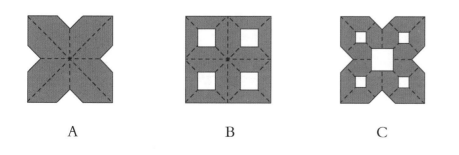

A   B   C

（2）按下面的方法折和剪后，打开的图形是 _____。可以用附页中的正方形做一做。

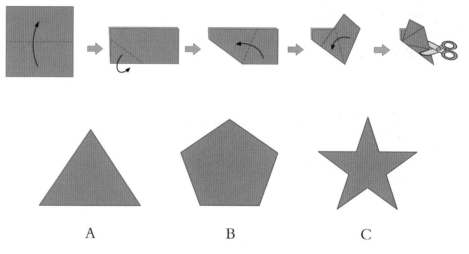

A   B   C

指导建议

在折与剪的过程中，学会看折纸图，按照图示完成折叠。想象的过程中可以运用图形之间的关系进行推理判断，是培养逻辑推理能力的好方法。

亲子小·游戏　画一画，剪一剪

剪刀、彩纸、铅笔。

游戏过程

按下面的图示步骤完成剪纸，要想剪出一朵下图这样漂亮的雪花，该怎样剪呢？可以用附页中的正方形剪一剪。

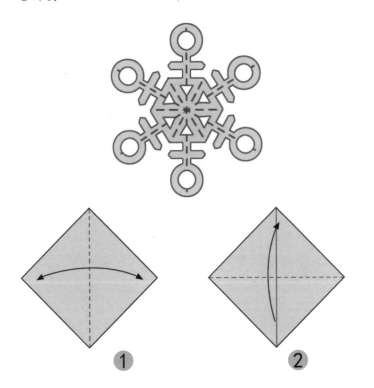

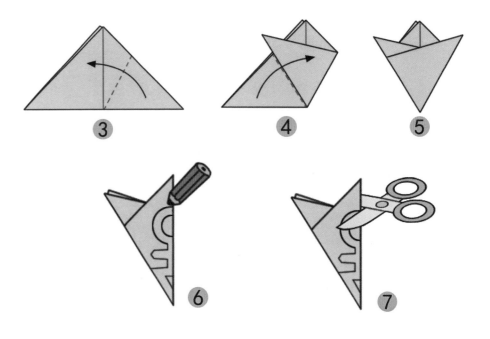

孩子自评：☆ ☆ ☆ ☆ ☆

家长点评：学习了几分钟？学会了什么？

教师锦囊

通过前面的剪纸，孩子已经有了自己的想法，可以先让他说说想法。根据孩子叙述的情况，与他一起看图并完成剪雪花。在活动中，培养先想象后验证的数学思想，学会口头证明的数学方法。

四、统筹与统计

统筹规划时间

动手操作

每天7点半到校，你应该怎么安排时间？

我想用5分钟穿衣服、5分钟洗漱、20分钟吃早饭、20分钟听英语、20分钟乘车到校。

5+5+20+20+20=70（分钟），6点40分~7点30分只有50分钟，你的时间不够用啊！

我把时间规划表写出来，您就明白了。

建构表象

	时间	活动	时长	
共用50分钟	6：40－6：45	穿衣服	5分	
	6：45－6：50	洗漱	5分	
	6：50－7：10	吃早饭	20分	
	7：10－7：30	乘车	20分	路上的20分钟同时听英语
	7：10－7：30	听英语	20分	

我乘车的同时可以听英语。

你真是合理安排时间的小能手。

家长参考

统筹是通盘筹划的意思，是重要的数学思想之一。上述时间表罗列出了整体规划中有效重叠使用的时间，这样的方法可以称为统筹方法。

关卡 1　时间轴

将前面的时间表用下面的时间轴表示，并在对应的时间下面写出牛牛所做的事情。

6:40	6:45	6:50		7:10		7:30
5分	5分	20分		20分		
穿衣服						

牛牛 _____ 就可以到达学校了。

家长参考

列出时间表，合理规划安排时间，是高效完成任务的方法。

关卡 2　泡茶

洗茶具 5 分钟，烧开水 5 分钟，沏茶 1 分钟。统筹规划，最少需要多少时间可以沏好茶？请在对应的时间下面写出妈妈所做的事情。

沏茶时间规划表

（　　）分钟 ｛ 洗茶具 烧开水 ｝ 共（　　）分钟
（　　）分钟 　沏　茶

5分	1分

统筹安排时间后，用 _____ 分钟，就沏好茶了。

练兵场

1. 做饭时间。

妈妈下午5时30分下班，洗米3分钟，蒸饭30分钟，洗菜10分钟，切菜15分钟，炒菜20分钟，2分钟摆放碗筷。

蒸饭的同时，我可以_____，请先填写时间表，再来列出时间轴，计算最早吃饭时间。

填写时间表。

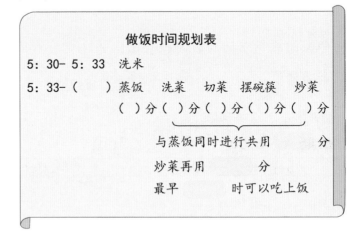

做饭时间规划表

5：30- 5：33　洗米

5：33-（　　）蒸饭　洗菜　切菜　摆碗筷　炒菜

（　）分（　）分（　）分（　）分（　）分

与蒸饭同时进行共用　　　　分

炒菜再用　　　　分

最早　　　　时可以吃上饭

2. 列出时间轴。

请在对应时间轴下面写出妈妈所做的事情。

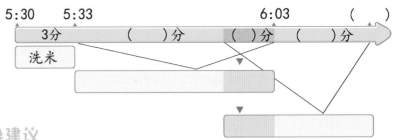

5:30　5:33　　　　　　　　6:03　　　　（　　）

3分　　（　）分　　（　）分　（　）分

洗米

指导建议

统筹规划时间，在填表与列出时间轴的过程中，建立表与轴之间的内在联系。

3. 郊游计划。

周日全家出行到郊外游玩，牛牛要听中文故事半个小时、听英语半个小时，爸爸开车往返车程是 2 小时。早上 7 时 30 分吃早饭，吃饭时间 30 分钟，18 时回到家中。请帮牛牛一家列出出行计划单。

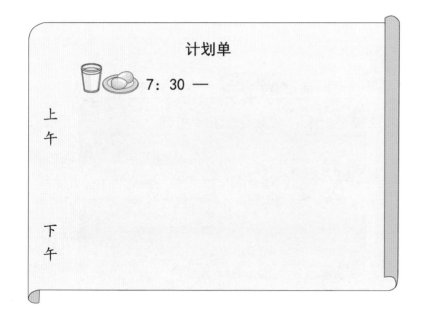

指导建议

统筹安排时间，要学会将时间叠加使用，减少拖延。

亲子游戏　旅行计划书

游戏准备

5 天假期、纸和笔。

游戏过程

告诉孩子你们将有 5 天的旅行计划，让孩子将旅行需要准备的物品和计划，列出计划清单。

在此基础上，全家一起商量，完成第二张旅行计划单。

旅行计划单

出行前：

D 1

D 2

D 3

D 4

D 5

孩子自评： ☆ ☆ ☆ ☆ ☆

家长点评：学习了几分钟？学会了什么？

教师锦囊

在统筹规划时间过程中，首先要找到可以重叠使用的时间。

总时长减去重叠时长，就是实际花费时间。

应用平均数统计

动手操作

妈妈，上车我需要买票吗？

儿童免票线

咱们量一量。身高不足130厘米，免票。

为什么130厘米定为免票线呢？

北京6岁儿童平均身高是120厘米，免票线就设定在了130厘米。

什么是平均身高？为什么免票线比平均身高高呢？

你问了个好问题，先从平均数讲起。

建构表象

 晚饭咱们吃光 12 个包子，3 人平均每人吃几个？

 平均每人吃 4 个。

我刚好吃 4 个，能说明我们每人都吃了 4 个包子吗？

可我只吃了 3 个。

我吃了 5 个包子。

 爸爸匀给我一个就刚好每人都吃 4 个。

4 是平均数，不能表示我们每人都吃 4 个包子。

 我吃的个数，刚好是平均数。

46

关卡 1　平均分

牛牛的三科成绩分别如下：

三科平均分：　　　　　＝　　　　（分）

移多补少法：100 分拿出 3 分，给语文 1 分，给英语 2 分，得到平均分是

思考：三科平均分一定是其中一科的分数吗？

平均分是 97 分，并不是每科都是 97 分。

家长参考

平均数等于总数量除以总份数，如：平均吃的包子数是 12÷3 =4；平均分等于总分数除以科目数。

关卡 2　平均身高

随机抽取了三位 6 岁小朋友的身高，算算他们三个的平均身高。

光明幼儿园 6 岁儿童身高统计表	
姓名	身高
小明	119厘米
小花	124厘米
糖糖	117厘米

平均身高：　　　　　＝　　　　（厘米）

移多补少法：124 厘米中分出 4 厘米给 117 厘米加 3 厘米，给 119 厘米加 1 厘米，得到平均身高是　　　　　厘米。

用贴纸在下图中从起点向上先摆出每个人的身高，再用移多补少的方法贴出三位 6 岁小朋友的平均身高。

125厘米			
124厘米			
123厘米			
122厘米			
121厘米			
120厘米			
119厘米			
118厘米			
117厘米			
116厘米			
115厘米			
	小明	小花	糖糖

1. 小马过河。

运用平均数的知识，说一说小马能过河吗。

指导建议

平均水深并不代表各处水深都是1米，小马过河可能会有危险。

2. 踢毽子。

闪电队和飞舞队哪个小队获胜？为什么？

闪电队四位队员踢毽子的个数			
牛牛	天天	米米	方方
23 个	21 个	17 个	19 个

飞舞队三位队员踢毽子的个数		
晴晴	霞霞	苗苗
24 个	16 个	22 个

指导建议

用平均数解决生活中的实际问题，可采用移多补少的方法计算平均数。

3. 阅读思考。

中国疾控中心的数据显示，从 1992 年到 2002 年，全国 6 岁的城市男童平均身高增加了 4.9 厘米，而到 2012 年又增加了 3.7 厘米。截至 2012 年，我国 6 岁儿童平均身高均已达到或接近了 120 厘米，12 岁儿童平均身高已超过了 150 厘米，14 岁儿童的平均身高则已达到或接近了 160 厘米左右。

免票线设定为 130 厘米，大部分 6 岁儿童会免票吗？还是很少的人能够免票呢？你还有什么想法，可与爸爸妈妈进行交流。

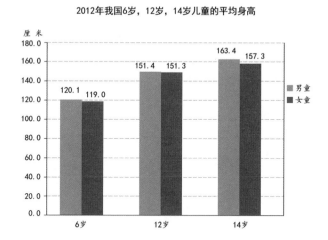

2012年我国6岁，12岁，14岁儿童的平均身高

指导建议

阅读文字或图表时，要排除干扰文字，迅速找到有用的数学信息，进行有效分析。有效反馈牛牛在"动手操作"中提出的问题。

亲子游戏　跳绳比赛

游戏准备

跳绳。

游戏过程

和爸爸妈妈一起跳绳，每次记时 1 分钟，汇总 3 次跳绳成绩的平均数量，排出三个人的名次。

跳绳数量记录表					
数量	第一次	第二次	第三次	平均数	名次
爸爸					
孩子					
妈妈					

孩子自评：☆ ☆ ☆ ☆ ☆

家长点评：学习了几分钟？学会了什么？

教师锦囊

平均数的计算方法是总数量除以总份数或使用移多补少法。它是统计学中描述数据一般情况和代表总体趋势的量。当常见的若干部分份数不同时，必须用总数量除以总份数求平均数。

五、数形结合能力

依次有序搭配

动手操作

明天去滑雪，你准备好的衣服，到底穿哪套呢？

我可以连线解决。

这个办法不错。

我都喜欢，怎么穿合适呢？

4种穿法

你先看看，可以有几种搭配方法？

还可以实物搭配一下。

建构表象

每条围巾都有 2 顶帽子搭配，共有　　　种搭配方法。

每顶帽子都有 3 条围巾搭配，共有　　　种搭配方法。

 我找到了 2 顶帽子，3 条围巾。

帽子和围巾，有多少种搭配方法呢？（用贴纸贴一贴）

我发现用 3×2=6（种），就可以计算出搭配的种数了。

家长参考

帽子与围巾各自数量的乘积，就是不同搭配方法种类的数量。

关卡 1　数路线

从咱们家去滑雪场有几条不同的路线可以走呢？我们走哪条呢？

画一画，先画幸福路，分别对应光阴路、童年路、人生路三条路。

再画快乐路，分别对应　　　　、　　　　、　　　　三条路。
再画出美好路，分别对应　　　　、　　　　、　　　　三条路。
画的过程可以用算式表达出来：　　　×　　　=　　　。

关卡 2　符号化

贴和画的过程还可以变得更简单。

关卡1中，3×3=9种走法，已经简单了，还怎么简单呢？

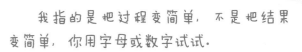

我指的是把过程变简单，不是把结果变简单，你用字母或数字试试。

我知道了！上衣可以用1、2表示，裤子分别用A、B表示？

54

搭一搭，配一配。

（1）滑雪场午餐菜谱，一种荤菜和一种素菜搭配，共有多少种不同的搭配方法？

对了！你用这种符号法再来表示一下。

哇，过程和结果都简单了！符号真神奇！

午餐菜单

荤菜　红烧肉A　清蒸鱼B　油焖大虾C

素菜　醋溜白菜1　酸辣土豆丝2

荤菜: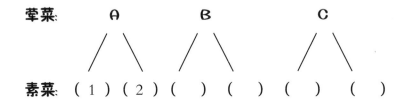

素菜: (1) (2) (　) (　) (　) (　)

搭配结果用符号表示如下:

或

素菜: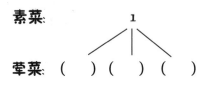

荤菜: (　) (　) (　)　　(　) (　) (　)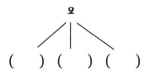

搭配结果用符号表示如下:

最终用算式表达出来: (　) × (　) = (　)

（2）拍照片了，爸爸妈妈带着牛牛、米米和天天一起滑雪，如果一位大人和一个小孩儿拍一张合影，一共可以拍多少张合影呢？

算式:

（3）滑雪商店中3种不同样式的滑雪板和2种不同样式的滑雪镜吸引了一家人的注意视线。5个人每人选择一个滑雪板、一副滑雪镜，每人的搭配样式都不相同，能保证他们选择的搭配各不相同吗？

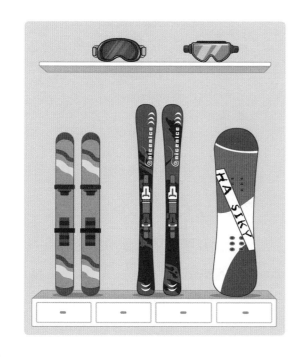

生活中的搭配现象有很多，在搭配过程中培养孩子有序思考，用"形"促进"数"的表达，培养符号意识。

亲子游戏　服饰搭配

找出孩子最喜欢的3件上衣、2条裤子、3顶帽子，进行搭配。争取用最少次数的脱、穿衣服，每搭配一种就拍下来，数一数一共拍了多少张照片。

孩子自评：☆　☆　☆　☆　☆

家长点评：学习了几分钟？学会了什么？

教师锦囊

当每一种搭配需三步完成时，孩子会排序混乱。用符号按顺序逐一完成，数清种类数。对应乘法计算，验证不同排序个数与计算结果是否相等，判断排序是否正确。

动手操作

给每个头先画 2 条腿，假设全是海鸥，才 12 条腿，差 8 条腿。

列算式：2 × 6=12（条）　　　20-12=8（条）

现在少 8 条腿，每个头下补 2 条腿，在上图中画一画。

4-2=2（条）　　　8÷2=4（只）

这 4 只指松鼠还是海鸥呢？

因为每个头下面补 2 条腿变成 4 条腿，4 条腿的当然是松鼠了。

沙滩上海鸥和松鼠共有 6 个头，20 只脚，有几只海鸥，几只松鼠？

可以画一画，6 个圆代表 6 个头。

重新画，给每个头先画 4 条腿，假设全是松鼠，就有 24 条腿，多了 4 条腿。

列算式：4 × 6=24（条） 24-20=4（条）

多 4 条腿，每个头删 2 条腿，在图上擦去。

4-2=2（条）   4 ÷ 2=2（只）

这 2 只指松鼠还是海鸥呢？

因为每个头下面撤掉 2 条腿剩下 2 条腿，2 条腿的当然是海鸥了。

家长参考

用画腿的方法解决鸡兔同笼的假设法，建立腿数与算式表达的关系，突破难点。

建构表象

现在共 7 辆车，有 17 个轮子，自行车和三轮车各多少辆？

这还是鸡兔同笼问题，我继续用画图来解决。

方法 1：

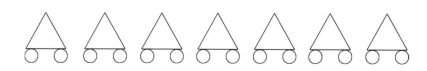

假设 7 辆都是自行车，14 个车轮，还差 3 个车轮，怎么办呢? 接着画。

列算式：2×7=14（个）17-14=3（个）
3-2=1（个）3÷1=3（辆） 3辆是　　　车

方法 2：

假设 7 辆都是三轮车，21 个车轮，多出 4 个车轮，划掉 4 个。

列算式：3×7=21（个）21-17=4（个）
3-2=1（个）　4÷1=4（辆）4辆是　　　车

家长参考

　　鸡兔同笼问题蕴含着对传统的、以形式逻辑为基础的思维方式的提升和拓展，是发展数学核心素养的基石。

关卡 1　桌与椅

　　幕布里一共有 24 条腿，桌椅数量共为 5，想想幕布后会有多少张桌子和多少把椅子?

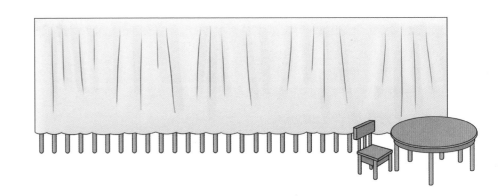

方法 1：假设都是椅子，每把椅子下画 4 条腿

列式：

　　　　　还差　　　条腿，

　　一张桌子比一把椅子多　　　条腿，

　　桌子有　　　张。

方法 2：假设都是桌子，每张桌子画 6 条腿

列式：

多　　　条腿，

一把椅子比一张桌子少　　　条腿，

椅子有　　　把。

所以应该有　　　把椅子，　　　张桌子

家长参考

　　图可以帮助孩子理解上述列式过程中的最后一步，分辨两个差值相除的得数是椅子数还是桌子数。

关卡 2　硬币

　　1 角和 5 角的硬币共 5 枚，一共 1 元 7 角钱。你知道 1 角、5 角硬币各有几枚吗？

方法 1：假设都是 5 角硬币

列式：

多出　　　角，

一枚 1 角比一枚 5 角少　　　角，

　　　有　　　。

方法2：假设都是1角硬币

列式：

少出　　　　角，

一枚5角比一枚1角多　　　　角，

　　　　角硬币有　　　枚。

所以应该有　　　枚5角硬币，　　　枚1角硬币。

家长参考

完成画图与列式对应的"数形结合"过程，更有效地帮助孩子解决鸡兔同笼问题。

练兵场

画一画，算一算。

（1）草原上的鸵鸟与狮子，共有7只，腿22条，其中鸵鸟和狮子各几只？

先画一画，再列式完成。

方法1：假设都是鸵鸟

列式：

答：狮子有　　　只，鸵鸟有　　　只。

方法2：假设都是狮子

列式：

答：狮子有　　　只，鸵鸟有　　　只。

（2）车棚里有自行车和三轮车，共6辆车，16个轮子，自行车和三轮车各多少辆？

方法1：假设都是三轮车

列式：

答：三轮车有   辆，自行车有   辆。

方法2：假设都是自行车

列式：

答：三轮车有   辆，自行车有   辆。

（3）有6枚硬币，5角和1角的共计2元2角，请问5角的几枚？1角的几枚？

方法1：

列式：

答：5角硬币有   枚，1角硬币有   枚。

方法2：

列式：

答：5角硬币有   枚，1角硬币有   枚。

家长参考

使用假设方法解决"鸡兔同笼"问题，将图与式对应起来，再验证两种假设法。

亲子游戏　插腿，揉球

游戏准备

橡皮泥、20 根牙签。

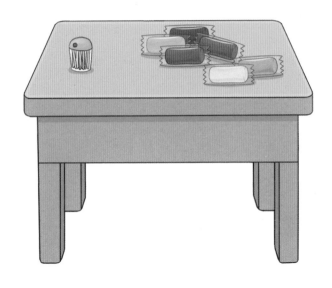

游戏过程

准备 20 根牙签和一些橡皮泥来模拟鸡兔同笼问题。让孩子用橡皮泥揉出泥球，表示动物的头。在泥球上插牙签，要想动物只数最多，每个泥球上插几条腿？要想动物只数最少，每个泥球上插几条腿？每减少几只鸡可以增加 1 只兔。你还有其他发现吗？

	鸡	兔	腿
方法 1			20
方法 2			20
方法 1			20
方法 2			20
方法 1			20
方法 2			20
发现：			

教师锦囊

假设全是"鸡"，补齐后就是"兔"的腿；假设全是"兔"，删除后就是"鸡"的腿。

六、逻辑推理能力

列表推理判断

动手操作

我们的东西不在同行,也不在同列中。

我最高,所以我的柜子在最高处。

我拿东西还要蹲下来,在小美柜子的右边。

我的东西在最中间的柜子中。

你们的东西都放在哪个柜子里了呢?

通过推理,将每人的钥匙贴纸贴在相应的柜子上。

66

建构表象

我们去打球！

列个表格更清楚，同一行同一列只能画一个"✓"，其他位置画"✗"。

	足球	篮球	网球
牛牛			
米米			
小美			

牛牛、米米和小美三人分别只喜欢足球、篮球和网球中的一种球类运动。根据他们之间的对话，分析出每人各喜欢什么球类运动。

贴一贴：

通过列表发现，牛牛喜欢　　　　，米米喜欢　　　　，小美喜欢　　　　。

我不喜欢网球。

我不喜欢足球。

米米和我都不喜欢篮球。

家长参考

比较复杂的推理问题要学会列表，按照给出的条件，在表格中逐一用符号完成推理。

关卡 1　喜欢科目

	周一	周二	周三	周四	周五
1	数学	语文	科学	语文	体育
2	美术	音乐	数学	语文	语文
3	体育（形体）	语文	综合实践	英语	语文
4	语文	数学	英语	数学	数学
5	道德与法治	体育	体育	体育	音乐
6	综合实践	班会	美术	道德与法治	自习

小美不喜欢语文也不喜欢英语。

牛牛不喜欢语文。

还是列表解决这个比较复杂的问题吧。

我们四个人分别最喜欢的是数学、语文、英语、美术中的一科，通过对话，推理出我们分别喜欢什么学科。

	数学	语文	英语	美术
牛牛				
米米				
小美				
妈妈				

米米最喜欢数学。

通过列表推理发现，牛牛最喜欢　　　　，米米最喜欢　　　　，小美最喜欢　　　　，妈妈最喜欢　　　　。

关卡 2 考试分数

我们每人都说对了一半，而且四人的分数都不一样，请推理一下。

先把你们说的分数都列表写上，再画"√"和"×"进行判断。

这次数学考试，你们都考了多少分？

米米 80 分，小美 70 分。

牛牛 90 分，小军 60 分。

牛牛 80 分，米米 60 分。

米米 90 分，小美 80 分。

	牛牛	米米	小美	小军
牛牛说		80	70	
米米说	90			60
小美说	80	60		
小军说		90	80	

每行每列都只能画一个"√"，从对话中判断小军只出现一次 60 分，是"√"，那么接着通过推理得出：牛牛_____分，米米_____分，小美_____分，小军_____分。

1. 填一填。

（1）三位同学每人只做一件好事：摆桌椅、捡地上纸屑、擦黑板。每个人都只告诉了我一句真话。牛牛说我在摆桌椅的时候，看见小军在黑板前找板擦。米米说其实我什么也没做，只是地面有废纸很乱，所以我就给捡起来了。小军说真是对不起，我从来也没有为班级摆过桌椅。

	摆桌椅	捡纸屑	擦黑板
牛牛			
米米			
小军			

通过以上信息，用表格进行推理：牛牛_____，米米_____，小军_____。

（2）学校有足球、科技、美术和合唱兴趣小组。牛牛、米米、小美、小军根据自己的爱好分别只参加了其中一组，他们四人都不在一个组。你能推理得出他们分别在哪个兴趣小组吗？

	足球	科技	美术	合唱
牛牛				
米米				
小美				
小军				

通过他们提供的信息，用表格进行推理，牛牛是　　　兴趣小组的，米米是　　　兴趣小组的，小美是　　　兴趣小组的，小军是　　　兴趣小组的。

指导建议

根据题意认识理解表格中同行同列只能画一个"√"，当"√"确定后，同行同列的其他位置用"×"表示不再有其他可能。

2. 贴一贴。

根据信息判断足球、篮球、排球、乒乓球、羽毛球和网球分别放在柜子的什么位置？将贴纸贴到柜子所在位置上。

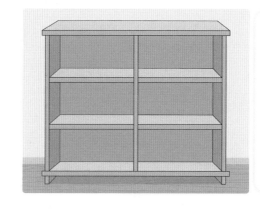

足球和羽毛球都放在柜子的右侧。
足球在羽毛球的下面。
网球在最上面一排右侧。
排球不在最上面，也不在最下面。
篮球没有放在网球旁边。

指导建议

学会通过关键性语言推理判断各种球所放的位置，能够借助柜子完成摆放，为抽象成表格做好直观准备。

亲子游戏　4×4 数独

游戏准备

铅笔、橡皮、四阶数独。

游戏过程

数独中的元素有单元格、行、列、宫，每个单元格写一个数字，以四阶数独的宫，就是从中心分开的每个角上的 4 格为一宫。

数独填写过程中，每一行、每一列和每一宫中都包含数字 1 ~ 4，并且每个数字只能出现一次。

3		1	
	1		3
	3	4	
1	4		2

		3	4
2		3	1
		2	1
		1	4

	3	1	
1			3
2		3	4
	4	2	

	3		4
2		3	1
	2		
	1	4	2

孩子自评：☆ ☆ ☆ ☆ ☆

家长点评：学习了几分钟？学会了什么？

教师锦囊

复杂的推理可采用画图辅助法、列表法、假设推理法和逻辑排序箭头法。推理过程中提取关键信息，灵活选择、配合使用，最为重要。

辨析故事逻辑

动手操作

你听过自相矛盾的故事吧，它在数学里被称为"悖论"。

我的盾，坚固无比，世界上任何锋利的东西都刺不穿它。

我的矛锋利无比，无论怎样坚固的盾，它都能刺穿。

用你的矛来刺你的盾，结果会怎样呢？

什么是悖论？

用这个故事来说，就是在逻辑推理的过程中对错难分。

就是看起来对，其实是错的；或者看起来错，其实是对的。

构建表象

那我也想起了一个故事。

兔子被老狼抓到，眼看就要被吃掉。

如果我能猜到你接下来要干什么，你就放过我好吗？

好！

兔子会对老狼说什么呢？

兔子会说："你会吃掉我。"

你会吃掉我。

狼吃！　兔猜中！　狼不吃！　兔未猜中！

太有意思了，按这样的逻辑推下去，吃还是不吃呢？

关卡 1　诚信村与谎话村

诚信村里的人都说真话。

谎言村里的人都说谎话。

在路口遇到一人，不知道他来自哪个村，如果只能问一个问题，该如何问路才能到达诚信村？

这个人是哪个村的不知道，说真话还是假话也不知道。

问什么问题可以让说真话和说假话的人回答的都一样呢？

你住的村子怎么走？

请对问题做出推理和分析：

这个人是谎话村的，他指出的路是　　　　　村的方向

这个人是诚信村的，他指出的路是　　　　　村的方向

　　　这样的问法，指出的都是　　　　　村。

关卡 2　理发师

一位理发师在自己的理发店门口写下了下面的广告词。

本人的理发技艺十分**高超**，誉满全城。我将为本城所有**不给自己刮脸的人**刮脸，我也只给这些人刮脸。

来找他刮脸的人都是不给自己刮脸的人。

可理发师自己的胡子长了，他本能地拿起剃刀，刚要给自己刮脸，被店里的伙计叫停了。

你知道为什么吗？

"只给不给自己刮脸的人刮脸"是什么意思？

理发师自己不给自己刮脸吗？

"　　　　　　　"，他如果给自己刮脸，"给自己刮脸"，就不符合"　　　　　　　"。

理发师的公告对自己而言就是自相矛盾，这就是著名的理发师悖论。

1. 填一填。

（1）运用本节内容分析我在说谎这句话

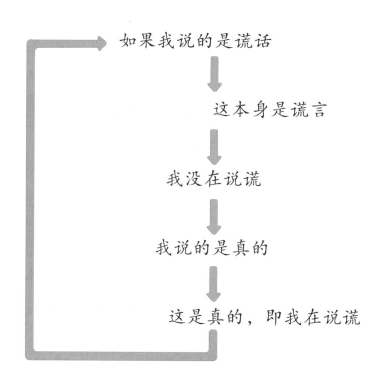

如果我说的是谎话

↓

这本身是谎言

↓

我没在说谎

↓

我说的是真的

↓

这是真的，即我在说谎

指导建议

填写事件内容，按逻辑顺序进行推理，找到产生矛盾的地方。

（2）运用本节内容进行分析

妈妈对爸爸说："儿子跟我在家玩吧，不和你出去了。"爸爸："如果你能正确预测儿子接下来会怎样，我就把他留在家里。"妈妈如何回答，又会有怎样的结果呢？做出推理及分析。

如果妈妈说："你会让儿子在家玩"是错误的预测，那么：

如果妈妈说："你会让儿子在家玩"是正确的预测，那么：

如果妈妈说："你会带儿子出去玩"是错误的预测，那么：

如果妈妈说："你会带儿子出去玩"是正确的预测，那么：

指导建议：

根据对话内容进行推理，分析每种回答的结果。家庭对话中可以试着选择和使用类似的对话方式，在对话中培养孩子的逻辑推理能力。

亲子游戏　渡河

游戏准备

小船、小孩、狗、兔子、卷心菜。

游戏过程

请剪下小船、小孩和动物们用船来运送狗、兔子、卷心菜、小孩往返于小河之间。如何使他们都能乘船渡过河？

1. 船只能载小孩和余下的其中一个。

2. 小孩不在场的时候，狗和兔子一起，兔子会被咬死；兔子和卷心菜一起的话，兔子会吃掉卷心菜。

孩子自评：☆ ☆ ☆ ☆ ☆

家长点评：学习了几分钟？学会了什么？

教师锦囊

悖论不是教材中的学习内容，但悖论能很好地考察孩子的逻辑思维能力和水平。这部分难度较大，如果孩子不能领会，可多阅读故事，分析情节的合理性，培养孩子思辨性。

感知图形变化

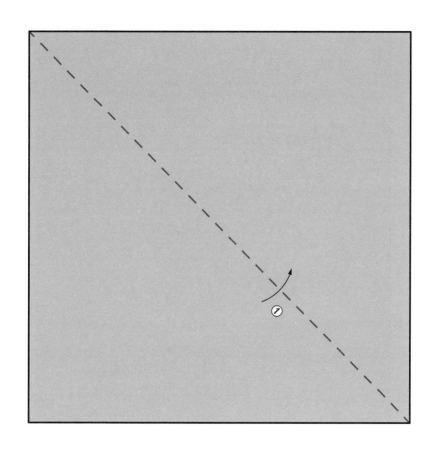 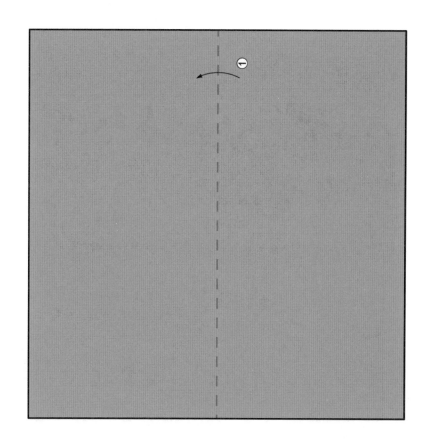

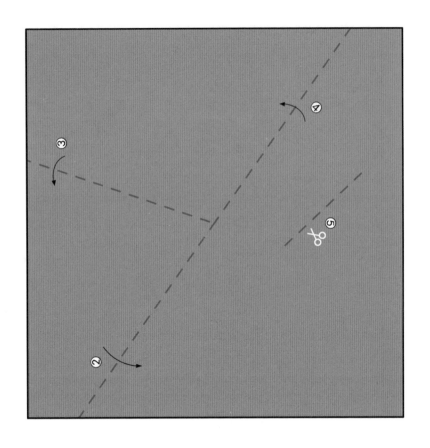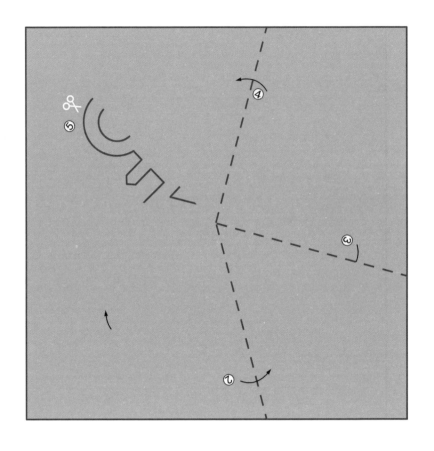

附页 答案

列表推理判断 亲子游戏 4×4 数独

4	3	1	2
1	2	4	3
2	1	3	4
3	4	2	1

1	3	2	4
2	4	3	1
4	2	1	3
3	1	4	2

3	2	1	4
4	1	2	3
2	3	4	1
1	4	3	2

1	3	2	4
2	4	3	1
4	2	1	3
3	1	4	2

列表推理判断 关卡

本节答案： "动手操作"中小美左最上，米米中间，牛牛右最下。"建构表象"中牛牛篮球，米米足球，小美网球。关卡1：牛牛英语，米米数学，小美美术，妈妈语文。关卡2：牛牛80分，米米90分，小美70分，小军60分。习题（1）：牛牛是摆桌椅，米米是捡纸屑，小军是擦黑板。习题（2）：牛牛是足球兴趣小组的，米米是合唱兴趣小组的，小美是科技兴趣小组的，小军是美术兴趣小组的。

辨析故事逻辑 亲子游戏 渡河

答案： 练兵场1中的答案为："我在说谎""我在说谎"；2中"爸爸会带儿子出去玩""爸爸会留儿子在家玩""爸爸会带儿子出去玩""爸爸会留儿子在家玩"。亲子小游戏渡河的答案是：答案1男孩先载兔子过河到对岸（狗、卷心菜）（男孩、兔子）放下兔子男孩返回（男孩、狗、卷心菜）（兔子）男孩再载狗过去（卷心菜）（男孩、狗、兔子）男孩再把兔子载回 关键！（男孩、兔子、卷心菜）（狗）男孩载卷心菜过去（兔子）（男孩、狗、卷心菜）男孩返回（男孩、兔子）（狗、卷心菜）。男孩载兔子过去。答案2男孩先载兔子过河到对岸（狗、卷心菜）（男孩、兔子）放下兔子，男孩返回（男孩、狗、卷心菜）（兔子）男孩载卷心菜过去（狗）（男孩、卷心菜、兔子）男孩再载兔子返回 关键（男孩、狗、兔子）（卷心菜）男孩载狗过去（兔子）（男孩、狗、卷心菜）男孩儿返回（男孩、兔子）（狗、卷心菜）男孩载兔子过去。